Ruby Jindal

Avanço na tecnologia: Moldar o futuro

Ruby Jindal

Avanço na tecnologia: Moldar o futuro

ScienciaScripts

Imprint

Any brand names and product names mentioned in this book are subject to trademark, brand or patent protection and are trademarks or registered trademarks of their respective holders. The use of brand names, product names, common names, trade names, product descriptions etc. even without a particular marking in this work is in no way to be construed to mean that such names may be regarded as unrestricted in respect of trademark and brand protection legislation and could thus be used by anyone.

Cover image: www.ingimage.com

This book is a translation from the original published under ISBN 978-620-7-80710-9.

Publisher:
Sciencia Scripts
is a trademark of
Dodo Books Indian Ocean Ltd. and OmniScriptum S.R.L publishing group

120 High Road, East Finchley, London, N2 9ED, United Kingdom
Str. Armeneasca 28/1, office 1, Chisinau MD-2012, Republic of Moldova, Europe
Printed at: see last page
ISBN: 978-620-7-90128-9

Prefácio

A tecnologia sempre foi uma força motriz do progresso humano. Desde a invenção da roda até ao aparecimento da Internet, os avanços tecnológicos têm transformado constantemente a forma como vivemos, trabalhamos e interagimos com o mundo que nos rodeia. No século XXI, o ritmo da inovação tecnológica está a acelerar a um ritmo sem precedentes, abrindo novas possibilidades e apresentando novos desafios.

Este livro, "Advancement in Technology: Moldar o Futuro", analisa as inúmeras formas como a tecnologia moderna está a revolucionar as nossas vidas. Exploramos tópicos de vanguarda como a inteligência artificial, a biotecnologia, as energias renováveis e a exploração espacial, destacando tanto as oportunidades como os dilemas éticos que apresentam. Através de uma série de capítulos perspicazes, pretendemos fornecer aos leitores uma compreensão abrangente do estado atual da tecnologia e um vislumbre do que o futuro nos reserva.

Ao escrever este livro, o nosso objetivo não é apenas informar, mas também inspirar. Acreditamos que, ao compreender o potencial e as implicações dos avanços tecnológicos, podemos navegar melhor pelas complexidades do nosso mundo em rápida mudança e contribuir para a criação de um futuro que seja simultaneamente inovador e equitativo. Convidamo-lo a juntar-se a nós nesta viagem de descoberta, enquanto exploramos a paisagem fascinante e em constante evolução da tecnologia moderna.

Por
Dr. Ruby Jindal
(Universidade K.R. Mangalam, Gurugram, Haryana, Índia)

Capítulo 1: Introdução: A tapeçaria tecnológica

Panorama dos avanços tecnológicos e do seu impacto na sociedade

1.1 A evolução da tecnologia

A tecnologia sempre foi uma parte integrante da civilização humana. O percurso desde as ferramentas rudimentares até aos sistemas complexos que definem a vida moderna tem sido marcado pela inovação e adaptação contínuas. Esta secção explora os principais marcos na evolução da tecnologia, traçando o desenvolvimento desde os tempos antigos até aos dias de hoje.

1.1.1 Primeiras inovações tecnológicas

Os primeiros avanços tecnológicos remontam aos tempos pré-históricos, quando os primeiros seres humanos criaram ferramentas e armas básicas a partir de pedra, madeira e osso. Estas invenções simples mas revolucionárias, como o machado de mão e a lança, lançaram as bases para tecnologias mais complexas.

A descoberta do fogo foi outro momento crucial, proporcionando calor, proteção e um meio de cozinhar alimentos, o que, por sua vez, levou a desenvolvimentos significativos na saúde humana e nas estruturas sociais. O advento da agricultura, por volta de 10 000 a.C., marcou a transição de estilos de vida nómadas para comunidades fixas, levando ao desenvolvimento de novos instrumentos e técnicas de cultivo e armazenamento de alimentos.

1.1.2 A Idade do Bronze e a Idade do Ferro

A descoberta da metalurgia marcou o início da Idade do Bronze (cerca de 3300 a.C.), caracterizada pela utilização de ferramentas e armas de bronze. Este período registou avanços significativos no artesanato e na engenharia, incluindo a invenção da roda e o desenvolvimento de sistemas de escrita.

A Idade do Ferro (com início por volta de 1200 a.C.) trouxe novos progressos tecnológicos com a utilização generalizada do ferro em ferramentas e armas. Esta época testemunhou também o aparecimento de civilizações poderosas, como os gregos e os romanos, que deram contributos notáveis para a arquitetura, a engenharia e a ciência.

1.1.3 A Idade Média e o Renascimento

A Idade Média (aproximadamente 500-1500 d.C.) registou progressos tecnológicos, apesar de ser um período frequentemente associado à estagnação. Inovações como o arado pesado, a coleira de cavalo e o moinho de vento melhoraram significativamente a produtividade agrícola. A invenção do relógio mecânico e o desenvolvimento de instrumentos de navegação aperfeiçoados, como o astrolábio, facilitaram a exploração e o comércio.

O Renascimento (séculos XIV a XVII) foi um período de renovado interesse pela ciência, arte e tecnologia. Esta era testemunhou invenções inovadoras, incluindo a imprensa de Johannes Gutenberg, que revolucionou a disseminação do conhecimento. As realizações científicas de figuras como Leonardo da Vinci, Galileu Galilei e Nicolau Copérnico lançaram as bases da ciência e tecnologia modernas.

1.1.4 A Revolução Industrial

A Revolução Industrial (séculos XVIII a XIX) marcou uma profunda transformação na sociedade humana, impulsionada pelos avanços tecnológicos na indústria transformadora, nos transportes e nas comunicações. A invenção da máquina a vapor por James Watt, a mecanização da produção têxtil e o desenvolvimento dos caminhos-de-ferro e dos navios a vapor facilitaram a produção em massa e o comércio global.

Este período também registou avanços significativos na tecnologia médica, como o desenvolvimento de vacinas por Edward Jenner e a descoberta da anestesia, que revolucionou a cirurgia. O telégrafo e, mais tarde, o telefone transformaram a comunicação, diminuindo as distâncias e permitindo uma rápida troca de informações.

1.1.5 A era digital

O século XX marcou o início da Era Digital, caracterizada pelo
desenvolvimento de computadores electrónicos, da Internet e das
tecnologias de comunicação digital. A invenção do transístor em
1947 abriu caminho para a criação de computadores mais pequenos e
mais potentes. O lançamento do primeiro satélite artificial, o Sputnik,
em 1957, marcou o início da era espacial, conduzindo a avanços na
comunicação por satélite e na exploração espacial.

O desenvolvimento da Internet no final do século XX revolucionou a
comunicação, o comércio e o acesso à informação, criando um
mundo globalmente ligado. O aparecimento dos computadores
pessoais, dos telemóveis e da World Wide Web transformou a vida
quotidiana, tornando a informação e a comunicação mais acessíveis
do que nunca.

1.2 O impacto da tecnologia na sociedade

Os avanços tecnológicos têm implicações de grande alcance para a
sociedade, influenciando todos os aspectos das nossas vidas. Esta
secção explora o impacto multifacetado da tecnologia na
comunicação, no trabalho, na educação, nos cuidados de saúde e nas
interacções sociais.

1.2.1 Comunicação

A evolução da tecnologia da comunicação alterou drasticamente a
forma como nos relacionamos com os outros. Desde a invenção do
telégrafo e do telefone até ao aparecimento da Internet e das redes
sociais, a tecnologia permitiu a comunicação instantânea em todo o
mundo. Estes avanços facilitaram a colaboração global, o
intercâmbio cultural e a conetividade social, mas também suscitam
preocupações sobre a privacidade, a desinformação e a dependência
digital.

1.2.2 Trabalho

Os avanços tecnológicos transformaram o local de trabalho,
automatizando tarefas repetitivas e aumentando a produtividade. O
aumento dos computadores e da Internet permitiu o trabalho à

distância e criou novos sectores e oportunidades de emprego. No entanto, a automatização e a inteligência artificial também colocam desafios, como a deslocação de postos de trabalho e a necessidade de requalificação da mão de obra.

1.2.3 Educação

A tecnologia revolucionou a educação, tornando a aprendizagem mais acessível e interactiva. Os cursos em linha, os manuais digitais e o software educativo oferecem novas oportunidades de aprendizagem ao longo da vida e de desenvolvimento de competências. As salas de aula virtuais e as plataformas de aprendizagem eletrónica alargaram o acesso à educação, sobretudo em zonas remotas e mal servidas. No entanto, o fosso digital e a necessidade de literacia digital continuam a ser desafios significativos.

1.2.4 Cuidados de saúde

Os avanços na tecnologia médica melhoraram os resultados dos cuidados de saúde e aumentaram a esperança de vida. Inovações como a telemedicina, os dispositivos de saúde portáteis e a medicina personalizada estão a transformar os cuidados e a gestão da saúde dos doentes. A biotecnologia e a engenharia genética oferecem novas possibilidades de tratamento de doenças e de melhoria da saúde humana. No entanto, as considerações éticas e o acesso equitativo aos cuidados de saúde continuam a ser questões críticas.

1.2.5 Interacções sociais

A tecnologia reformulou as interacções sociais, influenciando a forma como formamos e mantemos relações. As plataformas dos meios de comunicação social permitem-nos estabelecer contactos com amigos e familiares, partilhar experiências e interagir com as comunidades. No entanto, o aumento da comunicação digital também suscita preocupações quanto ao isolamento social, ao ciberbullying e ao impacto do tempo de ecrã na saúde mental.

1.3 As implicações éticas e sociais da tecnologia

À medida que a tecnologia continua a avançar, apresenta novos desafios éticos e sociais. Esta secção examina as considerações éticas e os potenciais riscos associados à inovação tecnológica, salientando a necessidade de um desenvolvimento e regulamentação responsáveis.

1.3.1 Privacidade e segurança dos dados

A proliferação das tecnologias digitais suscitou preocupações significativas relativamente à privacidade e à segurança dos dados. A recolha e análise de grandes quantidades de dados pessoais por parte das empresas e dos governos pode conduzir à vigilância e à violação da privacidade. Garantir a proteção dos dados e estabelecer orientações éticas para a sua utilização é fundamental para salvaguardar os direitos individuais.

1.3.2 Inteligência artificial e automatização

O aumento da inteligência artificial e da automatização traz oportunidades e riscos. Embora a IA tenha o potencial de melhorar a eficiência e criar novas indústrias, também levanta questões éticas sobre a deslocação de postos de trabalho, a tomada de decisões e a responsabilidade. O desenvolvimento de sistemas de IA éticos e a garantia de transparência e equidade na sua aplicação são essenciais para enfrentar estes desafios.

1.3.3 Biotecnologia e engenharia genética

Os avanços na biotecnologia e na engenharia genética oferecem novas possibilidades para melhorar a saúde humana e enfrentar os desafios globais. No entanto, estas tecnologias também levantam questões éticas sobre a modificação genética, a clonagem e o potencial para consequências indesejadas. O estabelecimento de directrizes éticas e de quadros regulamentares é crucial para garantir uma utilização responsável e equitativa da biotecnologia.

1.3.4 Impacto ambiental

Os avanços tecnológicos têm implicações ambientais significativas, tanto positivas como negativas. Embora as tecnologias de energias renováveis e as práticas sustentáveis ofereçam soluções para os desafios ambientais, a industrialização e o desperdício tecnológico contribuem para a poluição e o esgotamento dos recursos. O equilíbrio entre o progresso tecnológico e a sustentabilidade ambiental é essencial para proteger o planeta para as gerações futuras.

1.4 Conclusão: Abraçar o futuro da tecnologia

Ao reflectirmos sobre a história e o impacto dos avanços tecnológicos, é evidente que a tecnologia continuará a moldar o nosso futuro de forma profunda. Os desafios e oportunidades apresentados pelas tecnologias emergentes exigem uma análise cuidadosa e uma inovação responsável.

Nos capítulos seguintes, iremos aprofundar tecnologias específicas, explorando o seu desenvolvimento, aplicações e implicações. Ao compreender o estado atual da tecnologia e ao antecipar as tendências futuras, podemos navegar melhor nas complexidades do nosso mundo em rápida mudança e contribuir para a criação de um futuro que seja simultaneamente inovador e equitativo.

Convidamo-lo a juntar-se a nós nesta viagem de descoberta, enquanto exploramos a paisagem fascinante e em constante evolução da tecnologia moderna. Juntos, podemos abraçar o futuro e aproveitar o poder dos avanços tecnológicos para construir um mundo melhor.

Capítulo 2: Inteligência Artificial: A nova fronteira

2.1 Compreender a Inteligência Artificial

A Inteligência Artificial (IA) é um domínio da ciência da computação que se centra na criação de sistemas capazes de realizar tarefas que normalmente requerem a inteligência humana. Estas tarefas incluem a aprendizagem, o raciocínio, a resolução de problemas, a perceção, a compreensão da linguagem e a tomada de decisões. A IA pode ser classificada em dois tipos: A IA estreita, concebida para tarefas específicas, e a IA geral, que possui a capacidade de realizar qualquer tarefa intelectual que um ser humano possa efetuar.

2.1.1 A evolução da IA

O conceito de IA evoluiu significativamente desde a sua criação em meados do século XX. O campo passou por várias fases de investigação e desenvolvimento, marcadas por períodos de otimismo e ceticismo.

- **Início (anos 1950-1970)**: O termo "Inteligência Artificial" foi cunhado por John McCarthy em 1956 durante a Conferência de Dartmouth. A investigação inicial em IA centrou-se na IA simbólica e nos sistemas baseados em regras. Entre as realizações notáveis contam-se o desenvolvimento do Logic Theorist por Allen Newell e Herbert A. Simon e o modelo General Problem Solver (GPS).

- **O inverno da IA (década de 1970-1980)**: Após o entusiasmo inicial, a investigação em IA enfrentou desafios significativos, levando a uma redução do financiamento e do interesse. Este período, conhecido como o inverno da IA, foi marcado pelo ceticismo relativamente à viabilidade de alcançar uma verdadeira inteligência artificial.

- **Ressurgimento e aprendizagem automática (década de 1980-2000)**: A IA registou um ressurgimento com o advento da aprendizagem automática, um subconjunto da IA que se centra em abordagens baseadas em dados. Técnicas como as redes neuronais e os algoritmos genéticos ganharam destaque. O desenvolvimento de sistemas especializados e os avanços no processamento de linguagem natural também contribuíram para um interesse renovado na IA.

- **IA moderna (anos 2000 - presente)**: O aumento exponencial da capacidade de computação, a disponibilidade de grandes conjuntos de dados e os avanços nos algoritmos levaram a IA a novos patamares. A aprendizagem profunda, um subconjunto da aprendizagem automática, conduziu a avanços significativos no reconhecimento de imagem e de voz, no processamento de linguagem natural e nos sistemas autónomos.

2.1.2 Principais componentes da IA

Os sistemas de IA são construídos com base em vários componentes fundamentais, incluindo:

- **Dados**: Os grandes conjuntos de dados são essenciais para treinar modelos de IA. Os dados podem ser estruturados (por exemplo, bases de dados) ou não estruturados (por exemplo, texto, imagens, vídeo).

- **Algoritmos**: Os algoritmos de IA são modelos matemáticos que processam dados para identificar padrões e efetuar previsões. Os algoritmos mais comuns incluem árvores de decisão, máquinas de vectores de suporte e redes neurais.

- **Capacidade de computação**: Os modelos avançados de IA requerem recursos computacionais significativos. O aumento das GPUs (Unidades de Processamento Gráfico) e de hardware especializado como as TPUs (Unidades de Processamento Tensorial) permitiu o treino de modelos complexos.

- **Treino e teste**: Os modelos de IA são treinados com dados históricos e testados com novos dados para avaliar o seu desempenho. Técnicas como a validação cruzada e a afinação de hiperparâmetros são utilizadas para otimizar os modelos.

2.2 Aplicações da IA em vários sectores

A IA está a transformar as indústrias, automatizando processos, melhorando a tomada de decisões e permitindo novas capacidades. Esta secção explora as diversas aplicações da IA em diferentes sectores.

2.2.1 Cuidados de saúde

A IA está a revolucionar os cuidados de saúde, melhorando o diagnóstico, o tratamento e os cuidados aos doentes. As aplicações incluem:

- **Imagiologia médica**: Os algoritmos de IA podem analisar imagens médicas (por exemplo, raios X, ressonâncias magnéticas) para detetar doenças como o cancro, fracturas e perturbações neurológicas com elevada precisão.

- **Medicina personalizada**: A IA pode analisar dados genéticos para identificar os tratamentos mais eficazes para pacientes individuais, conduzindo a planos de tratamento personalizados.

- **Análise preditiva**: Os modelos de IA podem prever surtos de doenças, resultados de pacientes e taxas de readmissão hospitalar, permitindo uma gestão proactiva dos cuidados de saúde.

- **Assistentes de saúde virtuais**: Os chatbots e assistentes virtuais alimentados por IA fornecem aos pacientes informações médicas, agendamento de consultas e verificação de sintomas.

2.2.2 Finanças

A IA está a transformar o sector financeiro, melhorando a deteção de fraudes, a gestão de riscos e o serviço ao cliente. As aplicações incluem:

- **Negociação algorítmica**: Os algoritmos de IA analisam os dados do mercado e executam transacções a alta velocidade, optimizando as estratégias de investimento e maximizando os retornos.

- **Deteção de fraudes**: Os sistemas de IA podem detetar transacções fraudulentas através da análise de padrões e anomalias nos dados financeiros.

- **Serviço ao cliente**: Os chatbots e os assistentes virtuais alimentados por IA fornecem apoio personalizado ao cliente, tratando as questões e as transacções de forma eficiente.

- **Pontuação de crédito**: Os modelos de IA avaliam a capacidade de crédito através da análise de uma vasta gama de dados, incluindo o histórico de transacções e o comportamento social.

2.2.3 Fabrico

A IA está a melhorar os processos de fabrico, melhorando a eficiência, a qualidade e a segurança. As aplicações incluem:

- **Manutenção preditiva**: Os modelos de IA analisam os dados dos sensores das máquinas para prever falhas e programar a manutenção, reduzindo o tempo de inatividade e os custos.

- **Controlo de qualidade**: Os sistemas de IA inspeccionam os produtos para detetar defeitos utilizando a visão por computador, garantindo padrões de alta qualidade.

- **Robótica**: Os robôs alimentados por IA executam tarefas complexas como a montagem, a soldadura e a embalagem, aumentando a produtividade e a precisão.

- **Otimização da cadeia de fornecimento**: A IA optimiza as operações da cadeia de fornecimento através da previsão da procura, da gestão do inventário e da identificação de estrangulamentos.

2.2.4 Retalho

A IA está a transformar o sector do retalho, melhorando as experiências dos clientes e optimizando as operações. As aplicações incluem:

- **Recomendações personalizadas**: Os algoritmos de IA analisam o comportamento do cliente para fornecer recomendações personalizadas de produtos, aumentando as vendas e a satisfação do cliente.

- **Gestão do inventário**: Os sistemas de IA prevêem a procura e gerem os níveis de inventário, reduzindo as rupturas de stock e as situações de excesso de stock.

- **Informações sobre o cliente**: A IA analisa os dados dos clientes para identificar tendências e preferências, permitindo campanhas de marketing direccionadas.

- **Provas virtuais**: As soluções de prova virtual alimentadas por IA permitem que os clientes visualizem o vestuário e os acessórios, melhorando a experiência de compra em linha.

2.3 Considerações éticas e perspectivas futuras

Embora a IA ofereça um potencial imenso, levanta também importantes considerações e desafios éticos que devem ser abordados para garantir um desenvolvimento e uma implantação responsáveis.

2.3.1 Considerações éticas

- **Preconceito e equidade**: Os modelos de IA podem herdar preconceitos dos dados em que são treinados, conduzindo a resultados injustos ou discriminatórios. É fundamental garantir a equidade e atenuar os preconceitos nos sistemas de IA.

- **Transparência e responsabilidade**: Os processos de tomada de decisão da IA podem ser complexos e opacos. Garantir a transparência e a responsabilização nos sistemas de IA é essencial para criar confiança e compreensão.

- **Privacidade e segurança**: A recolha e a utilização de dados pessoais pelos sistemas de IA suscitam preocupações significativas em matéria de privacidade e segurança. É fundamental proteger os dados dos utilizadores e garantir a segurança das implantações de IA.

- **Deslocação de postos de trabalho**: A automatização impulsionada pela IA pode levar à deslocação de postos de trabalho e a perturbações económicas. É importante abordar o impacto na força de trabalho e promover a requalificação e a educação para uma transição suave.

2.3.2 Perspectivas futuras

O futuro da IA está repleto de possibilidades e desafios interessantes. As principais áreas de foco incluem:

- **Avanços na IA geral**: Embora os actuais sistemas de IA sejam altamente especializados, o desenvolvimento de uma IA geral, capaz de executar uma vasta gama de tarefas, continua a ser um objetivo a longo prazo.

- **A IA na vida quotidiana**: A IA será cada vez mais integrada na vida quotidiana, desde casas inteligentes e veículos autónomos até à aprendizagem personalizada e aos cuidados de saúde.

- **IA ética**: O desenvolvimento de quadros e orientações éticos para a IA será essencial para garantir que as tecnologias de IA sejam utilizadas de forma responsável e em benefício da sociedade.

- **IA colaborativa**: Os futuros sistemas de IA irão provavelmente colaborar com os seres humanos, aumentando as capacidades humanas e permitindo novas formas de interação homem-IA.

Conclusão

A Inteligência Artificial é uma tecnologia transformadora que está a remodelar as indústrias, a melhorar as capacidades humanas e a abrir novas fronteiras de inovação. À medida que continuamos a explorar e a desenvolver a IA, é crucial abordar as considerações éticas e garantir que estas tecnologias poderosas são utilizadas de forma responsável e equitativa.

Nos capítulos seguintes, iremos aprofundar outras tecnologias de ponta, cada uma delas oferecendo possibilidades e desafios únicos. Ao compreendermos e aproveitarmos estes avanços, podemos construir um futuro que aproveite o poder da tecnologia para melhorar vidas e criar um mundo mais equitativo e sustentável.

Capítulo 3: Biotecnologia: Engenharia da Vida

3.1 Introdução à biotecnologia

A biotecnologia envolve a utilização de organismos vivos, sistemas biológicos ou derivados para desenvolver ou criar diferentes produtos. Este domínio engloba várias disciplinas científicas, incluindo a genética, a microbiologia, a biologia molecular e a bioquímica. A biotecnologia revolucionou muitos sectores, nomeadamente os cuidados de saúde, a agricultura e a gestão ambiental, ao permitir inovações que outrora eram consideradas ficção científica.

3.1.1 Antecedentes históricos

As raízes da biotecnologia remontam às civilizações antigas, onde os humanos utilizavam a fermentação para fazer pão, cerveja e vinho. No entanto, a biotecnologia moderna começou no século XX com a descoberta da estrutura do ADN em 1953 por James Watson e Francis Crick. Esta descoberta lançou as bases para a engenharia genética e a revolução biotecnológica.

- **Biotecnologia inicial (antes do século XX)**: Práticas tradicionais como a fermentação e a reprodução selectiva.

- **Avanços do século XX**: Descoberta da dupla hélice, desenvolvimento da tecnologia do ADN recombinante e os primeiros organismos geneticamente modificados (OGM).

- **Inovações do século XXI**: Avanços na genómica, edição de genes CRISPR-Cas9 e medicina personalizada.

3.2 Engenharia genética e CRISPR-Cas9

A engenharia genética envolve a manipulação direta do ADN de um organismo para alterar as suas características de uma forma específica. A CRISPR-Cas9, uma tecnologia revolucionária de edição de genes, acelerou significativamente os progressos neste domínio.

3.2.1 Noções básicas de engenharia genética

A engenharia genética envolve normalmente:

- **Isolamento de ADN**: Extração de ADN do organismo de interesse.

- **Clonagem de genes**: Criação de cópias do gene de interesse utilizando técnicas como a PCR (Polymerase Chain Reaction).

- **Inserção no hospedeiro**: Utilização de vectores (por exemplo, plasmídeos) para introduzir o gene no genoma do organismo hospedeiro.

- **Expressão e análise**: Assegurar que o gene é expresso no hospedeiro e analisar os resultados.

3.2.2 CRISPR-Cas9: o fator de mudança

A CRISPR-Cas9, uma ferramenta derivada do sistema imunitário das bactérias, permite alterações precisas e dirigidas ao ADN genómico. Tem vários componentes-chave:

- **RNA guia (gRNA)**: Uma sequência de ARN sintético que corresponde à sequência de ADN alvo.

- **Enzima Cas9**: Uma proteína que corta o ADN no local especificado.

- **Mecanismos de reparação**: Os mecanismos naturais de reparação da célula são aproveitados para adicionar ou remover material genético.

As aplicações do CRISPR-Cas9 incluem:

- **Terapia génica**: Correção de defeitos genéticos em seres humanos.

- **Biotecnologia agrícola**: Criação de culturas com características desejáveis, tais como resistência a doenças e melhor nutrição.

- **Investigação**: Compreender a função dos genes e os mecanismos das doenças através da criação de mutações específicas.

3.3 Aplicações da biotecnologia

O impacto da biotecnologia abrange vários sectores, cada um deles beneficiando dos avanços da engenharia genética, da biologia molecular e de outros domínios relacionados.

3.3.1 Cuidados de saúde

A biotecnologia revolucionou os cuidados de saúde através do desenvolvimento de novos diagnósticos, tratamentos e terapias.

- **Medicina personalizada**: Adaptação dos tratamentos com base no perfil genético de um indivíduo. Esta abordagem aumenta a eficácia dos tratamentos e minimiza os efeitos secundários.

- **Produtos biofarmacêuticos**: Produção de produtos biológicos complexos, como anticorpos monoclonais e proteínas recombinantes, para tratar várias doenças, incluindo cancros e doenças auto-imunes.

- **Terapia genética**: Tratamento de doenças genéticas através da introdução, remoção ou alteração de material genético nas células de um doente. Exemplos incluem tratamentos para fibrose cística e certos tipos de cegueira hereditária.

- **Vacinas**: Desenvolvimento de vacinas que utilizam a tecnologia do ADN recombinante, como as vacinas de ARNm para a COVID-19.

3.3.2 Agricultura

A biotecnologia transformou a agricultura, melhorando o rendimento das culturas, a resistência a pragas e doenças e o conteúdo nutricional.

- **Organismos Geneticamente Modificados (OGM)**: Culturas concebidas para obter características como resistência a herbicidas, resistência a pragas e perfis nutricionais melhorados. Exemplos incluem o algodão Bt e o Golden Rice.

- **Biotecnologia vegetal**: Técnicas como a cultura de tecidos e o melhoramento molecular para desenvolver novas variedades de plantas.

- **Biotecnologia animal**: Modificação genética e clonagem para aumentar a produtividade e a resistência a doenças no gado.

3.3.3 Biotecnologia ambiental

A biotecnologia ambiental centra-se na utilização de processos biológicos para a conservação e recuperação do ambiente.

- **Bioremediação**: Utilização de microorganismos para limpar ambientes contaminados, como derrames de petróleo e poluição por metais pesados.

- **Gestão de resíduos**: Desenvolvimento de métodos biológicos para tratar águas residuais e gerir resíduos sólidos.

- **Biocombustíveis**: Produção de fontes de energia renováveis, como o etanol e o biodiesel, a partir de materiais biológicos.

3.4 Considerações éticas sobre a biotecnologia

O rápido avanço da biotecnologia traz inúmeros desafios éticos que devem ser abordados para garantir uma utilização responsável e a confiança do público.

3.4.1 Modificação genética e OGM

A criação e a utilização de organismos geneticamente modificados (OGM) levantam questões sobre a segurança, o impacto ambiental e a rotulagem.

- **Segurança**: Avaliar os efeitos a longo prazo do consumo de OGM na saúde.

- **Impacto ambiental**: Compreender as consequências ecológicas da introdução de OGM no ambiente.

- **Rotulagem**: Debate sobre se os produtos com OGM devem ser rotulados para informar os consumidores.

3.4.2 Edição de genes e CRISPR

O CRISPR e outras tecnologias de edição de genes apresentam dilemas éticos, nomeadamente no que respeita à modificação genética humana.

- **Edição da linha germinal**: A edição de genes em embriões suscita preocupações quanto a consequências indesejadas e ao potencial para "bebés de design".

- **Acesso e equidade**: Assegurar que os benefícios da edição de genes são acessíveis a todos e não apenas aos mais ricos.

- **Regulamentação e controlo**: Estabelecimento de directrizes para reger a utilização de tecnologias de edição de genes.

3.4.3 Produtos biofarmacêuticos e terapia genética

O desenvolvimento e a utilização de produtos biofarmacêuticos e de terapias genéticas colocam desafios éticos relacionados com a viabilidade económica, a acessibilidade e o consentimento informado.

- **Acessibilidade**: Os elevados custos dos produtos biofarmacêuticos e das terapias genéticas podem limitar o acesso de muitos doentes.

- **Acessibilidade**: Garantir o acesso equitativo a tratamentos que salvam vidas a nível mundial.

- **Consentimento informado**: Garantir que os doentes compreendem plenamente os potenciais riscos e benefícios das novas terapêuticas.

3.5 Perspectivas futuras da biotecnologia

O futuro da biotecnologia está cheio de promessas e potencialidades. Os principais domínios de desenvolvimento incluem:

3.5.1 Edição avançada de genes

Para além do CRISPR, estão a ser desenvolvidas novas tecnologias de edição de genes para melhorar a precisão, reduzir os efeitos fora do alvo e expandir a gama de genes editáveis.

3.5.2 Biologia sintética

A biologia sintética envolve a conceção e construção de novas partes, dispositivos e sistemas biológicos. Tem aplicações na produção de biocombustíveis, materiais biodegradáveis e novas terapêuticas.

3.5.3 Medicina regenerativa

Os avanços na investigação das células estaminais e na engenharia de tecidos prometem a regeneração de tecidos e órgãos danificados, potencialmente curando doenças que anteriormente não podiam ser tratadas.

3.5.4 Soluções de saúde globais

A biotecnologia pode desempenhar um papel crucial na resolução dos problemas de saúde mundiais, como as doenças infecciosas, a subnutrição e a degradação ambiental. Inovações como dispositivos de diagnóstico portáteis e vacinas de baixo custo têm o potencial de melhorar os resultados no domínio da saúde nos países em desenvolvimento.

Conclusão

A biotecnologia é um domínio poderoso que está a transformar o nosso mundo de uma forma sem precedentes. Desde os cuidados de saúde à agricultura e à gestão ambiental, as inovações biotecnológicas estão a melhorar vidas e a resolver problemas complexos. No entanto, com grande poder vem grande responsabilidade. As considerações éticas devem orientar o desenvolvimento e a aplicação da biotecnologia para garantir que ela beneficie toda a humanidade.

No próximo capítulo, exploraremos os avanços nas tecnologias de energia renovável e o seu papel na resolução da crise energética global. Através da inovação contínua e da gestão ética, podemos aproveitar todo o potencial da biotecnologia para criar um futuro mais saudável e sustentável.

Capítulo 4: Energias renováveis: Alimentar o futuro

4.1 Introdução às energias renováveis

A energia renovável refere-se à energia derivada de fontes naturais que são reabastecidas a um ritmo mais rápido do que o seu consumo. Ao contrário dos combustíveis fósseis, que são finitos e contribuem para a poluição ambiental, as fontes de energia renováveis são sustentáveis e têm um impacto mínimo no ambiente. Os principais tipos de energia renovável incluem a energia solar, a energia eólica, a energia hidroelétrica, a energia geotérmica e a biomassa.

4.1.1 A necessidade de energias renováveis

A transição para as energias renováveis é impulsionada por vários factores críticos:

- **Preocupações ambientais**: A queima de combustíveis fósseis liberta gases com efeito de estufa, contribuindo para as alterações climáticas e a poluição atmosférica. As fontes de energia renováveis produzem poucas ou nenhumas emissões.

- **Segurança energética**: A dependência dos combustíveis fósseis pode conduzir a conflitos geopolíticos e a perturbações do aprovisionamento. As energias renováveis diversificam o cabaz energético e aumentam a segurança energética.

- **Benefícios económicos**: As energias renováveis podem criar empregos, estimular o crescimento económico e reduzir os custos da energia a longo prazo.

- **Sustentabilidade**: As fontes de energia renováveis são abundantes e sustentáveis, garantindo um fornecimento estável de energia para as gerações futuras.

4.2 Energia solar

A energia solar aproveita o poder do sol para gerar eletricidade ou calor. É uma das formas mais abundantes e amplamente utilizadas de energia renovável.

4.2.1 Sistemas fotovoltaicos (PV)

Os sistemas fotovoltaicos convertem a luz solar diretamente em eletricidade utilizando células solares feitas de materiais semicondutores, como o silício.

- **Componentes**: Um sistema fotovoltaico típico inclui painéis solares, um inversor, um sistema de montagem e um sistema de armazenamento de baterias (opcional).

- **Eficiência**: Os avanços na tecnologia aumentaram significativamente a eficiência dos painéis solares, tornando-os mais económicos.

- **Aplicações**: Os sistemas fotovoltaicos podem ser utilizados em ambientes residenciais, comerciais e industriais, bem como em aplicações fora da rede e na eletrificação rural.

4.2.2 Sistemas solares térmicos

Os sistemas solares térmicos utilizam a luz solar para aquecer um fluido, que é depois utilizado para gerar eletricidade ou fornecer aquecimento.

- **Tipos**: Os tipos mais comuns incluem aquecedores solares de água, aquecedores solares de ar e sistemas de energia solar concentrada (CSP).

- **Tecnologia CSP**: Os sistemas CSP utilizam espelhos ou lentes para concentrar a luz solar numa pequena área, produzindo temperaturas elevadas que accionam uma turbina a vapor para gerar eletricidade.

4.3 Energia eólica

A energia eólica aproveita a energia cinética do ar em movimento para gerar eletricidade utilizando turbinas eólicas.

4.3.1 Tecnologia de turbinas eólicas

As turbinas eólicas modernas são constituídas por três componentes principais: o rotor (pás), a nacela (que aloja o gerador) e a torre.

- **Tipos**: Existem dois tipos principais de turbinas eólicas: turbinas eólicas de eixo horizontal (HAWTs) e turbinas eólicas de eixo vertical (VAWTs).

- **Eficiência**: Os avanços na conceção das turbinas, nos materiais e na aerodinâmica melhoraram a eficiência e a produção das turbinas eólicas.

- **Eólica offshore**: Os parques eólicos offshore, localizados em massas de água, podem tirar partido de ventos mais fortes e mais consistentes, o que leva a uma maior produção de energia.

4.3.2 Aplicações e vantagens

A energia eólica é utilizada em várias aplicações, desde turbinas eólicas de pequena escala para uso residencial até parques eólicos de grande escala que fornecem energia à rede.

- **Impacto ambiental**: A energia eólica tem um impacto ambiental reduzido, sem emissões e com uma utilização mínima do solo.

- **Impacto económico**: A indústria da energia eólica cria postos de trabalho no fabrico, instalação e manutenção.

4.4 Energia hidroelétrica

A energia hídrica, ou energia hidroelétrica, gera eletricidade através do aproveitamento da energia da água corrente ou em queda.

4.4.1 Tipos de energia hidroelétrica

Existem vários tipos de sistemas hidroeléctricos:

- **A fio d'água**: Utiliza o caudal natural de um rio sem armazenamento significativo. É adequado para instalações de pequena escala.

- **Reservatório (barragem) Hidroelétrica**: Armazena água num reservatório e liberta-a para gerar eletricidade. Proporciona um fornecimento de energia estável e controlável.

- **Armazenamento por bombagem**: Armazena energia bombeando água para uma elevação mais elevada durante a baixa procura e libertando-a para gerar eletricidade durante a procura máxima.

4.4.2 Considerações ambientais e sociais

Embora a energia hidroelétrica seja uma fonte de energia limpa, pode ter impactos ambientais e sociais significativos:

- **Perturbação do ecossistema**: As barragens e albufeiras podem perturbar os ecossistemas locais e a migração dos peixes.

- **Reinstalação**: Os grandes projectos hidroeléctricos podem exigir a reinstalação de comunidades.

- **Qualidade da água**: As alterações no fluxo de água podem afetar a qualidade da água e a sedimentação.

4.5 Energia geotérmica

A energia geotérmica aproveita o calor do interior da Terra para gerar eletricidade ou fornecer aquecimento.

4.5.1 Tipos de sistemas geotérmicos

A energia geotérmica pode ser aproveitada através de vários sistemas:

- **Centrais geotérmicas**: Convertem o calor de reservatórios subterrâneos profundos em eletricidade utilizando turbinas a vapor. Existem três tipos principais: vapor seco, vapor flash e centrais de ciclo binário.

- **Bombas de calor geotérmicas**: Utilizam as temperaturas estáveis perto da superfície da Terra para fornecer aquecimento e arrefecimento aos edifícios.

4.5.2 Aplicações e benefícios

A energia geotérmica é uma fonte de energia fiável e sustentável com várias aplicações:

- **Produção de eletricidade**: As centrais geotérmicas fornecem uma alimentação eléctrica estável e contínua.

- **Aquecimento e arrefecimento**: As bombas de calor geotérmicas oferecem uma forma eficiente de aquecer e arrefecer edifícios, reduzindo os custos de energia.

4.6 Energia da biomassa

A energia da biomassa é derivada de materiais orgânicos, como resíduos vegetais e animais. Pode ser utilizada para produzir eletricidade, calor e biocombustíveis.

4.6.1 Tipos de energia da biomassa

A energia da biomassa pode ser aproveitada através de vários métodos:

- **Combustão**: Queima direta de materiais de biomassa para produzir calor ou eletricidade.

- **Digestão anaeróbia**: A decomposição da matéria orgânica na ausência de oxigénio para produzir biogás, que pode ser utilizado para aquecimento ou produção de eletricidade.

- **Biocombustíveis**: Conversão de biomassa em combustíveis líquidos, como o etanol e o biodiesel, para os transportes.

4.6.2 Benefícios ambientais e económicos

A energia da biomassa oferece várias vantagens:

- **Neutro em termos de carbono**: A energia da biomassa é considerada neutra em termos de carbono porque o dióxido de carbono libertado durante a combustão é compensado pelo dióxido de carbono absorvido durante o crescimento da biomassa.

- **Redução de resíduos**: A utilização de resíduos agrícolas e animais para a produção de energia reduz os resíduos e os problemas de eliminação associados.

- **Desenvolvimento rural**: Os projectos de energia da biomassa podem criar empregos e estimular o desenvolvimento económico nas zonas rurais.

4.7 Desafios e perspectivas futuras

Embora as energias renováveis ofereçam numerosos benefícios, é necessário enfrentar vários desafios para conseguir uma adoção generalizada e maximizar o seu potencial.

4.7.1 Intermitência e armazenamento

Muitas fontes de energia renováveis, como a solar e a eólica, são intermitentes e dependem das condições climatéricas. As soluções de armazenamento de energia, como as baterias e o armazenamento por bombagem, são cruciais para equilibrar a oferta e a procura.

4.7.2 Integração na rede

A integração das energias renováveis nas redes eléctricas existentes exige actualizações e modernizações significativas. As tecnologias de redes inteligentes podem ajudar a gerir a variabilidade e a distribuição das energias renováveis.

4.7.3 Custos e investimentos

O custo inicial das instalações de energias renováveis pode ser elevado, embora os custos estejam a diminuir rapidamente. É necessário um investimento contínuo e incentivos financeiros para apoiar o crescimento das energias renováveis.

4.7.4 Política e regulamentação

As políticas e a regulamentação de apoio são essenciais para promover a adoção das energias renováveis. Os governos desempenham um papel crucial na definição de objectivos, na concessão de incentivos e na criação de um ambiente regulamentar favorável.

4.8 O futuro das energias renováveis

O futuro das energias renováveis é promissor, com os avanços tecnológicos em curso e o crescente empenhamento mundial na sustentabilidade.

4.8.1 Tecnologias emergentes

As tecnologias inovadoras, como a energia fotovoltaica avançada, as turbinas eólicas flutuantes e os sistemas geotérmicos melhorados, estão a expandir o potencial das energias renováveis.

4.8.2 Iniciativas globais

Os acordos internacionais, como o Acordo de Paris, e os objectivos nacionais em matéria de energias renováveis estão a impulsionar os esforços globais de redução das emissões de carbono e de transição para energias limpas.

4.8.3 Sistemas de energia descentralizados

O aumento dos sistemas energéticos descentralizados, incluindo microrredes e produção distribuída, permite soluções energéticas mais resilientes e localizadas.

4.8.4 Envolvimento da comunidade

O envolvimento das comunidades em projectos de energias renováveis garante o apoio local e maximiza os benefícios sociais e económicos.

Conclusão

As energias renováveis estão na vanguarda do esforço global para combater as alterações climáticas e criar um futuro sustentável. Ao aproveitar o poder do sol, do vento, da água e da Terra, podemos reduzir a nossa dependência dos combustíveis fósseis e construir um sistema energético mais limpo e mais resistente. A transição para as energias renováveis não está isenta de desafios, mas com inovação, investimento e colaboração contínuos, podemos ultrapassar estes obstáculos e alcançar um futuro energético sustentável.

No próximo capítulo, exploraremos os avanços nas tecnologias inteligentes e o seu papel na criação de ambientes inteligentes e conectados que melhoram a nossa qualidade de vida e aumentam a eficiência em vários sectores. Através destas inovações tecnológicas, podemos impulsionar ainda mais a sustentabilidade e melhorar a nossa vida quotidiana.

Capítulo 5: Tecnologias inteligentes: Construir ambientes inteligentes e conectados

5.1 Introdução às tecnologias inteligentes

As tecnologias inteligentes referem-se a sistemas e dispositivos que utilizam sensores, software e conetividade para recolher e analisar dados, permitindo processos mais eficientes e automatizados. Estas tecnologias estão a transformar vários sectores, incluindo casas, cidades, cuidados de saúde e indústrias, criando ambientes inteligentes e conectados que melhoram a nossa qualidade de vida.

5.1.1 A evolução das tecnologias inteligentes

As tecnologias inteligentes evoluíram rapidamente nas últimas décadas, impulsionadas pelos avanços na capacidade de computação, pela miniaturização dos sensores e pela proliferação da Internet.

- **Início**: Os primeiros desenvolvimentos em automação e computação lançaram as bases para as tecnologias inteligentes.

- **A Internet das Coisas (IoT)**: O conceito de IoT, em que os objectos do quotidiano estão ligados à Internet, tem sido um dos principais motores da adoção de tecnologias inteligentes.

- **Avanços recentes**: Os avanços na inteligência artificial (IA), na aprendizagem automática e na análise de dados melhoraram significativamente as capacidades das tecnologias inteligentes.

5.2 Casas inteligentes

As casas inteligentes incorporam dispositivos IoT para automatizar e melhorar vários aspectos da gestão doméstica, proporcionando comodidade, segurança e eficiência energética.

5.2.1 Automatização doméstica

A domótica envolve o controlo de aparelhos e sistemas domésticos através de uma rede central, muitas vezes utilizando smartphones ou assistentes de voz.

- **Iluminação inteligente**: Sistemas de iluminação automatizados que podem ser controlados remotamente ou definidos para mudar com base na ocupação e na hora do dia.

- **Termostatos inteligentes**: Dispositivos como o Nest Thermostat aprendem as preferências do utilizador e ajustam o aquecimento e a refrigeração para otimizar o conforto e a utilização de energia.

- **Electrodomésticos inteligentes**: Frigoríficos, máquinas de lavar roupa e fornos que podem ser monitorizados e controlados remotamente, oferecendo frequentemente funcionalidades como a gestão de inventário e o controlo do consumo de energia.

5.2.2 Segurança e vigilância

Os sistemas de segurança inteligentes proporcionam uma maior proteção das casas através de monitorização em tempo real e alertas automáticos.

- **Fechaduras inteligentes**: Fechaduras electrónicas que podem ser controladas remotamente e permitem a entrada sem chave.

- **Câmaras de vigilância**: Câmaras com deteção de movimento e capacidades de visualização remota.

- **Sistemas de alarme**: Sistemas integrados que incluem sensores para portas, janelas e detectores de fumo, todos controláveis através de aplicações para smartphones.

5.2.3 Gestão da energia

As tecnologias inteligentes ajudam a gerir e a reduzir o consumo de energia nas casas, contribuindo para a sustentabilidade e a poupança de custos.

- **Monitorização da energia**: Dispositivos que monitorizam a utilização de energia em tempo real e fornecem informações sobre os padrões de consumo.

- **Integração solar**: Inversores inteligentes e sistemas de gestão de energia que optimizam a utilização da energia solar nas habitações.

5.3 Cidades inteligentes

As cidades inteligentes tiram partido da IdC e de outras tecnologias para melhorar a vida urbana, melhorando as infra-estruturas, os serviços e a qualidade de vida geral dos residentes.

5.3.1 Mobilidade urbana

As tecnologias das cidades inteligentes melhoram os sistemas de transporte, tornando-os mais eficientes e fáceis de utilizar.

- **Gestão inteligente do tráfego**: Sistemas que utilizam sensores e análise de dados para gerir o fluxo de tráfego, reduzir o congestionamento e melhorar a segurança.

- **Transportes públicos**: Acompanhamento em tempo real de autocarros e comboios e aplicações móveis que fornecem horários actualizados e informações sobre os itinerários.

- **Mobilidade partilhada**: Integração de serviços de partilha de boleias, partilha de bicicletas e scooters eléctricas na rede de transportes urbanos.

5.3.2 Infra-estruturas e serviços públicos

As infra-estruturas inteligentes garantem uma gestão eficiente dos serviços de utilidade pública e dos serviços públicos.

- **Redes inteligentes**: Redes eléctricas que utilizam a IoT para gerir dinamicamente a oferta e a procura de eletricidade, integrando fontes de energia renováveis.

- **Gestão inteligente da água**: Sistemas que monitorizam a utilização da água, detectam fugas e optimizam a distribuição da água.

- **Gestão de resíduos**: Caixas inteligentes e sistemas de recolha que optimizam as rotas de recolha de resíduos e melhoram as taxas de reciclagem.

5.3.3 Segurança e saúde pública

As tecnologias inteligentes melhoram a segurança pública e os serviços de saúde em ambientes urbanos.

- **Vigilância inteligente**: Câmaras e sensores que monitorizam os espaços públicos e fornecem dados em tempo real às autoridades policiais.

- **Resposta a emergências**: Sistemas integrados que fornecem acesso rápido a serviços de emergência e informações em tempo real durante as crises.

- **Monitorização da saúde pública**: Dispositivos IoT e análise de dados utilizados para rastrear surtos de doenças e gerir iniciativas de saúde pública.

5.4 Cuidados de saúde inteligentes

Os cuidados de saúde inteligentes, ou healthtech, utilizam a tecnologia para melhorar os cuidados prestados aos doentes, simplificar as operações hospitalares e facilitar a investigação médica.

5.4.1 Telemedicina

A telemedicina permite que os prestadores de cuidados de saúde consultem os doentes à distância, aumentando o acesso aos serviços médicos.

- **Consultas por vídeo**: Plataformas que permitem consultas virtuais com médicos, reduzindo a necessidade de consultas presenciais.

- **Monitorização remota**: Dispositivos que monitorizam os sinais vitais e os parâmetros de saúde dos doentes em tempo real, permitindo cuidados contínuos e uma intervenção precoce.

5.4.2 Monitorização da saúde e vestíveis

Os dispositivos vestíveis e os sistemas inteligentes de monitorização da saúde recolhem e analisam dados de saúde para fornecer informações sobre a saúde pessoal.

- **Rastreadores de fitness**: Dispositivos como o Fitbit e o Apple Watch que monitorizam a atividade física, o ritmo cardíaco e os padrões de sono.

- **Dispositivos médicos**: Vestíveis que monitorizam doenças crónicas, como monitores de glicose para a diabetes e monitores de ECG para doenças cardíacas.

5.4.3 IA e análise de dados nos cuidados de saúde

A IA e a análise de dados estão a transformar os cuidados de saúde, fornecendo informações mais aprofundadas e permitindo cuidados preditivos.

- **Imagiologia médica**: Algoritmos de IA que analisam imagens médicas para deteção precoce de doenças como o cancro.

- **Análise preditiva**: Ferramentas que analisam dados de pacientes para prever surtos de doenças, readmissões hospitalares e resultados de tratamentos.

- **Medicina personalizada**: Utilização de informação genética e de dados de saúde para adaptar os tratamentos a cada doente.

5.5 Indústria inteligente

A indústria inteligente, também conhecida como Indústria 4.0, integra a IoT, a IA e a automação para melhorar os processos de fabrico, aumentar a eficiência e reduzir os custos.

5.5.1 IoT industrial (IIoT)

A IIoT liga máquinas e dispositivos em ambientes industriais, permitindo a monitorização em tempo real e a tomada de decisões com base em dados.

- **Manutenção Preditiva**: Utilização de sensores e análises para prever falhas no equipamento antes de estas ocorrerem, reduzindo o tempo de inatividade e os custos de manutenção.

- **Seguimento de activos**: Seguimento em tempo real de activos e inventário numa instalação de fabrico.

- **Otimização de processos**: Analisar os dados de produção para otimizar os fluxos de trabalho e melhorar a eficiência.

5.5.2 Automação e robótica

A automação e a robótica estão a transformar o fabrico, aumentando a precisão, reduzindo os custos de mão de obra e melhorando a segurança.

- **Robôs colaborativos (Cobots)**: Robôs concebidos para trabalhar ao lado de humanos, aumentando a produtividade sem substituir os trabalhadores humanos.

- **Linhas de produção automatizadas**: Processos de produção totalmente automatizados que melhoram a velocidade e a consistência.

5.5.3 IA e aprendizagem automática na indústria

A IA e a aprendizagem automática fornecem ferramentas poderosas para analisar dados e otimizar processos industriais.

- **Controlo de qualidade**: Sistemas de IA que inspeccionam os produtos para detetar defeitos com maior precisão do que os inspectores humanos.

- **Gestão da cadeia de abastecimento**: Análise preditiva para otimizar as operações da cadeia de fornecimento, desde o fornecimento de matérias-primas até à entrega.

5.6 Considerações éticas e desafios

A adoção generalizada de tecnologias inteligentes traz consigo várias considerações e desafios éticos que têm de ser abordados.

5.6.1 Privacidade e segurança

A recolha e a análise de grandes quantidades de dados suscitam preocupações em matéria de privacidade e segurança.

- **Privacidade dos dados**: Garantir que os dados pessoais são recolhidos, armazenados e utilizados de forma responsável, respeitando a privacidade das pessoas.

- **Cibersegurança**: Proteger os sistemas inteligentes contra ciberataques e garantir a segurança dos dados sensíveis.

5.6.2 Equidade e acessibilidade

É fundamental garantir que os benefícios das tecnologias inteligentes sejam acessíveis a todos os segmentos da sociedade.

- **Fosso digital**: Abordar o fosso entre os que têm acesso a tecnologias inteligentes e os que não têm.

- **Acessibilidade**: Tornar as tecnologias inteligentes acessíveis a todos, incluindo as comunidades marginalizadas e com baixos rendimentos.

5.6.3 Utilização ética da IA

A utilização da IA em tecnologias inteligentes levanta questões sobre parcialidade, transparência e responsabilidade.

- **Preconceitos na IA**: Garantir que os sistemas de IA são concebidos e treinados para não serem tendenciosos.

- **Transparência**: Tornar os processos de decisão da IA transparentes e compreensíveis.

- **Responsabilidade**: Estabelecer uma responsabilidade clara pelas decisões tomadas pelos sistemas de IA.

5.7 Perspectivas futuras das tecnologias inteligentes

O futuro das tecnologias inteligentes é brilhante, com avanços contínuos e novas aplicações a surgir em vários sectores.

5.7.1 Integração e interoperabilidade

Os esforços para melhorar a integração e a interoperabilidade dos sistemas inteligentes aumentarão a sua eficiência e eficácia.

- **Normalização**: Desenvolvimento de normas para dispositivos e sistemas inteligentes para garantir que podem funcionar em conjunto sem problemas.

- **Colaboração intersectorial**: Incentivar a colaboração entre diferentes sectores para desenvolver soluções inteligentes integradas.

5.7.2 Avanços na IA e na aprendizagem automática

Os avanços contínuos na IA e na aprendizagem automática impulsionarão o desenvolvimento de sistemas mais inteligentes e autónomos.

- **Aprendizagem profunda**: Tirar partido das técnicas de aprendizagem profunda para melhorar as capacidades dos sistemas inteligentes.

- **IA de ponta**: Desenvolvimento de sistemas de IA que operam na ponta das redes, reduzindo a latência e melhorando a tomada de decisões em tempo real.

5.7.3 Sustentabilidade e tecnologias inteligentes

As tecnologias inteligentes têm potencial para promover melhorias significativas da sustentabilidade em vários sectores.

- **Redes inteligentes e energias renováveis**: Reforçar a integração das fontes de energia renováveis e melhorar a eficiência energética.

- **Planeamento urbano sustentável**: Utilização de tecnologias inteligentes para conceber e gerir cidades sustentáveis.

- **Gestão de recursos**: Otimizar a utilização dos recursos naturais através de sistemas inteligentes de monitorização e gestão.

Conclusão

As tecnologias inteligentes estão a transformar a forma como vivemos, trabalhamos e interagimos com o nosso ambiente. Ao criarem ambientes inteligentes e interligados, estas tecnologias oferecem inúmeros benefícios, incluindo maior eficiência, maior segurança e melhor qualidade de vida. No entanto, a adoção de tecnologias inteligentes também apresenta desafios, nomeadamente em termos de privacidade, segurança e equidade. A resposta a estes desafios exige uma abordagem ponderada e colaborativa, que garanta que as tecnologias inteligentes sejam desenvolvidas e implantadas de forma responsável.

No próximo capítulo, exploraremos os avanços da inteligência artificial e das máquinas

Capítulo 6: Inteligência artificial e aprendizagem automática: O futuro dos sistemas inteligentes

6.1 Introdução à Inteligência Artificial (IA) e à Aprendizagem Automática (AM)

A Inteligência Artificial (IA) e a Aprendizagem Automática (AM) estão a revolucionar as indústrias e a vida quotidiana, permitindo que as máquinas executem tarefas que tradicionalmente requerem a inteligência humana. A IA refere-se ao conceito mais amplo de máquinas que simulam a inteligência humana, enquanto a ML se centra em algoritmos que aprendem a partir de dados e melhoram ao longo do tempo sem programação explícita.

6.1.1 Evolução da IA e do ML

- **Conceitos iniciais**: A IA remonta a meados do século XX, com os primeiros desenvolvimentos em lógica, redes neuronais e sistemas especializados.

- **Revolução da aprendizagem automática**: Os avanços na capacidade de computação, nos grandes volumes de dados e nos algoritmos impulsionaram o rápido progresso da aprendizagem automática nas últimas décadas.

- **Aprendizagem profunda**: Um subconjunto de ML que usa redes neurais com muitas camadas para processar e aprender com grandes quantidades de dados, levando a avanços no reconhecimento de fala, análise de imagem e processamento de linguagem natural.

6.2 Aplicações da IA e do ML

As tecnologias de IA e ML estão a transformar várias indústrias e sectores, impulsionando a inovação e as melhorias de eficiência.

6.2.1 Cuidados de saúde

A IA e o ML estão a revolucionar os cuidados de saúde, permitindo o tratamento personalizado, a análise de imagens médicas e a análise preditiva.

- **Imagiologia médica**: Os algoritmos de IA analisam imagens médicas (por exemplo, raios X, ressonâncias magnéticas) para detetar doenças como o cancro e dar prioridade aos cuidados dos doentes.

- **Descoberta de medicamentos**: Os modelos ML prevêem interacções medicamentosas e identificam potenciais novos medicamentos através da análise de vastas bases de dados de estruturas moleculares e dados biológicos.

- **Gestão de cuidados de saúde**: Os sistemas alimentados por IA optimizam as operações hospitalares, o agendamento de pacientes e a atribuição de recursos.

6.2.2 Finanças e banca

No sector financeiro, a IA e o ML são utilizados para deteção de fraudes, negociação algorítmica, avaliação de riscos e automatização do serviço ao cliente.

- **Deteção de fraudes**: Os modelos ML analisam padrões de transação e detectam anomalias indicativas de actividades fraudulentas.

- **Negociação algorítmica**: Os algoritmos de IA tomam decisões de negociação rápidas com base em dados de mercado e análises preditivas.

- **Informações sobre o cliente**: Os chatbots e assistentes virtuais alimentados por IA fornecem atendimento personalizado ao cliente e aconselhamento financeiro.

6.2.3 Transportes e veículos autónomos

As tecnologias de IA e ML são essenciais para os veículos autónomos, optimizando o fluxo de tráfego e melhorando a segurança dos transportes.

- **Veículos autónomos**: Os algoritmos de ML processam dados de sensores em tempo real para navegar em estradas, detetar obstáculos e tomar decisões de condução.

- **Gestão do tráfego**: Os sistemas de IA optimizam os sinais de trânsito, prevêem o congestionamento e recomendam percursos eficientes para reduzir o tempo de viagem e o consumo de combustível.

- **Logística e cadeia de abastecimento**: A IA optimiza as operações da cadeia de fornecimento, incluindo a gestão de inventário, o planeamento de rotas e a manutenção preditiva.

6.3 Considerações éticas sobre a IA e o ML

A adoção generalizada da IA e do ML suscita preocupações éticas relativamente a preconceitos, privacidade, transparência e responsabilidade.

6.3.1 Preconceito e equidade

Os sistemas de IA podem perpetuar os preconceitos presentes nos dados de treino, conduzindo a resultados injustos nas decisões relacionadas com a contratação, o crédito e a justiça penal.

- **Enviesamento algorítmico**: Abordar os enviesamentos nos dados e nos algoritmos para garantir uma tomada de decisões justa e equitativa.

- **Equidade na IA**: Desenvolvimento de métodos para medir e promover a equidade nos sistemas de IA em diferentes grupos demográficos.

6.3.2 Privacidade e segurança dos dados

Os sistemas de IA recolhem e analisam grandes quantidades de dados pessoais, o que suscita preocupações quanto a violações da privacidade e à utilização indevida de dados.

- **Proteção de dados**: Implementação de medidas de segurança robustas para proteger os dados sensíveis contra o acesso não autorizado e as violações.

- **Consentimento do utilizador**: Garantir políticas transparentes e obter o consentimento informado dos utilizadores relativamente à recolha e utilização de dados.

6.3.3 Responsabilidade e transparência

As decisões baseadas na IA carecem de supervisão humana, o que torna crucial o estabelecimento de quadros de responsabilização e a garantia de transparência nos processos de tomada de decisão.

- **Explicabilidade**: Desenvolver sistemas de IA que possam explicar as suas decisões e acções de uma forma que os utilizadores possam compreender.

- **Quadros regulamentares**: Estabelecer regulamentos e directrizes para reger o desenvolvimento, a implantação e a utilização de tecnologias de IA.

6.4 Avanços na investigação sobre IA e ML

A investigação e a inovação em curso estão a alargar os limites das capacidades de IA e ML, abrindo caminho a novas aplicações e descobertas.

6.4.1 Aprendizagem profunda e redes neuronais

Os avanços nas arquitecturas de aprendizagem profunda, como as redes neuronais convolucionais (CNN) e as redes neuronais recorrentes (RNN), estão a melhorar o reconhecimento de padrões, o processamento de linguagem natural e a aprendizagem por reforço.

- **Processamento de linguagem natural (PNL)**: Os modelos de IA compreendem e geram linguagem humana, permitindo aplicações como a tradução de línguas, chatbots e análise de sentimentos.

- **Visão por computador**: Os sistemas de IA analisam e interpretam dados visuais, permitindo aplicações em reconhecimento facial, veículos autónomos e diagnósticos médicos por imagem.

6.4.2 Aprendizagem por reforço e ética da IA

As técnicas de aprendizagem por reforço permitem que os sistemas de IA aprendam através da interação com os ambientes, levantando considerações éticas relacionadas com a tomada de decisões e o comportamento.

- **IA ética**: Integrar princípios éticos na conceção e desenvolvimento da IA para garantir resultados responsáveis e benéficos.

- **Segurança da IA**: Investigação de métodos para evitar consequências indesejadas e garantir que os sistemas de IA funcionam de forma segura e fiável.

6.5 Direcções futuras da IA e do ML

O futuro da IA e do ML encerra um imenso potencial para avanços transformadores em todos os sectores e domínios da sociedade.

6.5.1 Personalização baseada em IA

A IA permitirá experiências hiper-personalizadas nos cuidados de saúde, na educação, no retalho e no entretenimento, adaptadas às preferências e comportamentos individuais.

- **Medicina de precisão**: A IA analisa os dados genéticos e os registos dos pacientes para personalizar os planos de tratamento e prever os riscos de doença.

- **Educação**: Os tutores de IA e as plataformas de aprendizagem personalizadas adaptam os métodos de ensino aos estilos e ritmos de aprendizagem dos alunos.

6.5.2 IA na investigação científica

A IA e o ML estão a acelerar a descoberta científica através da análise de conjuntos de dados complexos, da simulação de experiências e da geração de hipóteses.

- **Descoberta de medicamentos**: Os modelos de IA prevêem interacções medicamentosas, concebem novas moléculas e identificam potenciais tratamentos para doenças.

- **Ciência climática**: A IA analisa dados climáticos para prever padrões meteorológicos, modelar os impactos das alterações climáticas e otimizar estratégias de energias renováveis.

6.5.3 Ética e governação da IA

Garantir o desenvolvimento ético da IA e os quadros de governação será fundamental para aproveitar os benefícios da IA e, ao mesmo tempo, mitigar os riscos.

- **Colaboração internacional**: Estabelecimento de normas e acordos globais sobre ética, governação e regulamentação da IA.

- **Envolvimento do público**: Educar e envolver o público em debates sobre os impactos sociais e as implicações éticas da IA.

Conclusão

A Inteligência Artificial e a Aprendizagem Automática representam uma mudança de paradigma na forma como percepcionamos e interagimos com a tecnologia. Estas tecnologias estão a remodelar as indústrias, a melhorar a eficiência e a abrir novas possibilidades de inovação e descoberta. No entanto, a adoção da IA e do ML também apresenta desafios éticos que exigem uma análise cuidadosa e medidas proactivas. Ao fomentar o desenvolvimento responsável, promover a transparência e garantir a inclusão, podemos aproveitar todo o potencial da IA e do ML para criar um futuro melhor para a humanidade.

No próximo capítulo, exploraremos a intersecção da realidade virtual (RV) e da realidade aumentada (RA) e o seu impacto transformador no entretenimento, na educação, nos cuidados de saúde e não só. Estas tecnologias imersivas estão a redefinir as experiências humanas e a abrir novos domínios de possibilidades na forma como percepcionamos e interagimos com o nosso mundo.

Capítulo 7: Realidade Virtual (RV) e Realidade Aumentada (RA): Experiências imersivas e muito mais

7.1 Introdução à Realidade Virtual (RV) e à Realidade Aumentada (RA)

A Realidade Virtual (RV) e a Realidade Aumentada (RA) são tecnologias imersivas que alteram a nossa perceção da realidade, misturando conteúdos digitais com o mundo físico ou criando ambientes totalmente virtuais.

7.1.1 Definição e distinção

- **Realidade virtual (RV)**: A RV mergulha os utilizadores num ambiente simulado, normalmente através de auscultadores ou óculos que oferecem vistas de 360 graus e áudio espacial. Os utilizadores podem interagir com o mundo virtual em tempo real.

- **Realidade Aumentada (RA)**: A RA sobrepõe conteúdos digitais ao mundo real, visualizados através de dispositivos como smartphones, tablets ou óculos de RA. A RA melhora as experiências do mundo real, acrescentando elementos virtuais como texto, imagens ou animações.

7.2 Aplicações da realidade virtual (RV)

A Realidade Virtual está a transformar várias indústrias e sectores, oferecendo experiências imersivas e aplicações práticas.

7.2.1 Entretenimento e jogos de azar

A RV revolucionou a indústria dos jogos ao proporcionar experiências de jogo imersivas e narrativas interactivas.

- **Ambientes imersivos**: Os jogos de RV criam mundos virtuais realistas e interactivos que os utilizadores podem explorar e com os quais podem interagir.

- **Simulação e formação**: A RV é utilizada em simuladores de voo, treino militar e simulações desportivas para proporcionar cenários e práticas realistas.

7.2.2 Educação e formação

A RV melhora as experiências de aprendizagem ao proporcionar simulações interactivas e ambientes virtuais.

- **Visitas de estudo virtuais**: Os alunos podem explorar locais históricos, pontos de referência e ambientes naturais em RV, aumentando o envolvimento e a compreensão.

- **Simulações de formação**: A RV é utilizada na formação médica, no desenvolvimento de competências técnicas e na formação em ambientes perigosos para praticar cenários em segurança.

7.2.3 Cuidados de saúde e terapia

As aplicações da RV nos cuidados de saúde vão desde a gestão da dor à reabilitação e à terapia da saúde mental.

- **Distração da dor**: Os ambientes de RV distraem os doentes da dor durante os procedimentos médicos ou a gestão da dor crónica.

- **Terapia de exposição**: A RV é utilizada para tratar fobias, PTSD e perturbações de ansiedade, expondo os doentes a ambientes virtuais controlados.

7.3 Aplicações da Realidade Aumentada (RA)

A Realidade Aumentada enriquece as experiências do mundo real através da sobreposição de informações e interacções digitais.

7.3.1 Comércio retalhista e marketing

A RA melhora as experiências de compra ao permitir que os clientes visualizem os produtos no seu ambiente antes de efectuarem uma compra.

- **Experimentação virtual**: A AR permite que os clientes experimentem roupas, acessórios e cosméticos virtualmente, utilizando aplicações para smartphones ou espelhos de AR.

- **Marketing interativo**: As campanhas de RA envolvem os consumidores com anúncios interactivos, demonstrações de produtos e experiências de marca imersivas.

7.3.2 Arquitetura e conceção

A RA ajuda os arquitectos, designers e profissionais do sector imobiliário a visualizar e apresentar os seus projectos.

- **Prototipagem virtual**: A RA permite que os arquitectos visualizem os projectos de construção à escala e no contexto, facilitando as revisões do projeto e as apresentações aos clientes.

- **Planeamento do espaço**: As aplicações de RA ajudam os utilizadores a visualizar mobiliário, elementos de design de interiores e renovações no seu espaço físico.

7.3.3 Navegação e orientação

As aplicações de navegação AR fornecem informações e direcções em tempo real sobrepostas à visão que o utilizador tem do mundo real.

- **Navegação em interiores**: A RA guia os utilizadores através de grandes edifícios, aeroportos e museus, sobrepondo direcções e pontos de interesse.

- **Navegação no exterior**: A RA melhora a navegação GPS ao sobrepor nomes de ruas, direcções e pontos de referência próximos no ecrã do smartphone.

7.4 Avanços tecnológicos e inovações

Os avanços tecnológicos estão a impulsionar a evolução e a adoção das tecnologias de RV e RA.

7.4.1 Inovações de hardware

As melhorias introduzidas nos auscultadores de realidade virtual, nos óculos de realidade aumentada e na tecnologia de rastreio de movimentos melhoram a experiência e a imersão do utilizador.

- **RV sem fios**: Os avanços na tecnologia sem fios eliminam a necessidade de cabos, melhorando a mobilidade e o conforto do utilizador.

- **Óculos de realidade aumentada**: Os óculos de realidade aumentada leves e compactos oferecem experiências de realidade aumentada sem as mãos para utilização quotidiana.

7.4.2 Desenvolvimento de software

Os avanços no desenvolvimento de software permitem simulações mais realistas, conteúdos interactivos e compatibilidade entre plataformas.

- **Ambientes realistas**: O software de RV utiliza renderização gráfica avançada, áudio espacial e simulações de física para criar mundos virtuais imersivos.

- **Toolkits e SDKs de RA**: Os programadores utilizam kits de ferramentas de RA e kits de desenvolvimento de software (SDK) para criar aplicações de RA para várias plataformas e dispositivos.

7.5 Desafios e considerações

A adoção das tecnologias de RV e RA apresenta vários desafios que têm de ser enfrentados para uma maior aceitação e integração.

7.5.1 Limitações de hardware

Os custos elevados, o hardware volumoso e as restrições tecnológicas (por exemplo, resolução, campo de visão) podem limitar a adoção e a experiência dos utilizadores de dispositivos de RV e RA.

- **Acessibilidade**: Garantir a acessibilidade dos preços e dos dispositivos de RV e RA para uma adoção generalizada pelos consumidores.

- **Conforto e ergonomia**: Melhorar o conforto, o peso e a ergonomia dos auscultadores RV e dos óculos AR para uma utilização prolongada.

7.5.2 Desenvolvimento de conteúdos

A criação de conteúdos atraentes e envolventes continua a ser um desafio, exigindo competências e recursos especializados.

- **Diversidade de conteúdos**: Desenvolver experiências de RV e RA diversificadas e cativantes em diferentes sectores e grupos demográficos de utilizadores.

- **Interação com o utilizador**: Conceber interfaces de utilizador intuitivas e interacções que melhorem o envolvimento do utilizador e a facilidade de utilização.

7.5.3 Privacidade e preocupações éticas

A RA suscita preocupações quanto à privacidade, à segurança dos dados e à utilização ética das experiências aumentadas em contextos públicos e privados.

- **Privacidade dos dados**: Proteger os dados dos utilizadores e as informações pessoais recolhidas através de aplicações e dispositivos de RA.

- **Utilização ética**: Abordar as preocupações relativas aos conteúdos aumentados que podem ser enganadores, ofensivos ou intrusivos em ambientes do mundo real.

7.6 Direcções futuras da RV e da RA

O futuro da RV e da RA oferece possibilidades interessantes de inovação, integração e novas aplicações em todos os sectores e na vida quotidiana.

7.6.1 Realidade mista (RM)

A RM combina elementos da RV e da RA para criar experiências imersivas que interagem simultaneamente com o mundo real e com ambientes virtuais.

- **Computação espacial**: As tecnologias de RM permitem uma interação perfeita entre os mundos físico e digital, melhorando as experiências dos utilizadores.

- **Aplicações empresariais**: Prevê-se que a RM transforme a colaboração remota, as simulações de formação e os processos de conceção industrial.

7.6.2 Cuidados de saúde e terapia

A RV e a RA estão preparadas para desempenhar um papel mais significativo nos cuidados de saúde, incluindo o planeamento cirúrgico, a educação médica e as intervenções terapêuticas.

- **Telemedicina**: A RV e a RA permitem consultas remotas, simulações cirúrgicas e educação de doentes em ambientes virtuais.

- **Tratamento da dor**: A terapia de RV continua a evoluir com experiências imersivas que distraem os doentes da dor e do desconforto durante os procedimentos médicos.

7.6.3 Educação e formação

As tecnologias de RV e RA continuarão a revolucionar a educação e a formação profissional, oferecendo experiências de aprendizagem imersivas e interactivas.

- **Laboratórios virtuais**: Os alunos podem realizar experiências e simulações em laboratórios virtuais, melhorando a educação STEM e a formação de competências práticas.

- **Desenvolvimento de competências**: A RV e a RA proporcionam formação prática para sectores como a aviação, a engenharia e a indústria transformadora, melhorando a segurança e a eficiência.

Conclusão

A Realidade Virtual (RV) e a Realidade Aumentada (RA) estão a transformar a forma como vivemos e interagimos com o mundo, oferecendo ambientes imersivos, aplicações práticas em todos os sectores e novas possibilidades de entretenimento, educação, cuidados de saúde e muito mais. Embora subsistam desafios como as limitações do hardware, o desenvolvimento de conteúdos e as considerações éticas, os contínuos avanços tecnológicos e a crescente adoção estão a preparar o caminho para um futuro em que a RV e a RA desempenham papéis fundamentais na vida quotidiana.

No próximo capítulo, iremos explorar o impacto da tecnologia de cadeia de blocos, as suas aplicações para além da criptomoeda e o seu potencial para revolucionar sectores como o financeiro, a gestão da cadeia de fornecimento e a verificação da identidade digital. A natureza descentralizada e segura da Blockchain tem o potencial de redefinir a confiança, a transparência e a eficiência em vários sectores da economia.

<h1 style="text-align:center">Capítulo 8: Tecnologia de cadeia de blocos: Transformar as indústrias e muito mais</h1>

8.1 Introdução à tecnologia de cadeia de blocos

A tecnologia blockchain surgiu como a base de criptomoedas como o Bitcoin, mas as suas aplicações vão muito além das moedas digitais. Na sua essência, a cadeia de blocos é uma tecnologia de registo descentralizada e distribuída que permite transacções seguras e transparentes sem a necessidade de intermediários.

8.1.1 Compreender a cadeia de blocos

- **Descentralização**: A Blockchain funciona numa rede peer-to-peer em que as transacções são registadas em vários computadores (nós), eliminando a necessidade de uma autoridade central.

- **Ledger imutável**: Uma vez registados, os dados numa cadeia de blocos não podem ser alterados ou adulterados, garantindo transparência e confiança.

- **Contratos inteligentes**: Os contratos auto-executáveis armazenados na cadeia de blocos automatizam e aplicam acordos sem intermediários.

8.2 Aplicações da tecnologia de cadeia de blocos

A tecnologia Blockchain está a revolucionar várias indústrias ao aumentar a segurança, a eficiência e a transparência nas transacções e na gestão de dados.

8.2.1 Finanças e banca

A cadeia de blocos está a perturbar as finanças tradicionais ao permitir transacções mais rápidas, mais baratas e mais seguras, bem como produtos financeiros inovadores.

- **Criptomoedas**: A Bitcoin e outras criptomoedas utilizam a cadeia de blocos para permitir pagamentos digitais peer-to-peer sem intermediários.

- **Pagamentos transfronteiriços**: A cadeia de blocos facilita a realização de transacções transfronteiriças mais rápidas e mais baratas, contornando os sistemas bancários tradicionais.

- **Contratos inteligentes**: Os contratos inteligentes baseados em blockchain automatizam a execução do contrato e o pagamento mediante o cumprimento de condições predefinidas.

8.2.2 Gestão da cadeia de abastecimento

A Blockchain melhora a transparência, a rastreabilidade e a eficiência da cadeia de abastecimento, acompanhando produtos e transacções ao longo da cadeia de abastecimento.

- **Rastreabilidade**: A Blockchain permite o rastreio em tempo real dos bens desde a origem até ao destino, reduzindo a contrafação e garantindo a autenticidade dos produtos.

- **Gestão de inventário**: Os contratos inteligentes na cadeia de blocos automatizam o controlo de inventário, a encomenda e a reconciliação de pagamentos entre parceiros da cadeia de fornecimento.

- **Sustentabilidade**: A cadeia de blocos verifica e regista práticas sustentáveis nas cadeias de abastecimento, como o comércio justo e o abastecimento responsável.

8.2.3 Cuidados de saúde e registos médicos

As cadeias de blocos aumentam a segurança e a acessibilidade dos registos médicos, simplificando a partilha de dados e os cuidados aos doentes.

- **Interoperabilidade**: A cadeia de blocos permite a partilha segura e eficiente dos dados dos doentes entre os prestadores de cuidados de saúde, melhorando a coordenação dos cuidados.

- **Integridade dos dados**: Os registos imutáveis da cadeia de blocos garantem a integridade e a autenticidade dos dados médicos, reduzindo a fraude e os erros.

- **Ensaios clínicos**: A Blockchain simplifica a gestão de dados de ensaios clínicos, garantindo a transparência e a conformidade com os requisitos regulamentares.

8.3 Inovações na tecnologia Blockchain

Os avanços tecnológicos e as inovações estão a expandir as capacidades e aplicações da cadeia de blocos para além dos seus casos de utilização iniciais.

8.3.1 Plataformas e protocolos de cadeias de blocos

Várias plataformas e protocolos de cadeia de blocos satisfazem diferentes necessidades, oferecendo escalabilidade, interoperabilidade e características personalizáveis.

- **Ethereum**: Uma plataforma descentralizada que permite aos programadores criar e implementar contratos inteligentes e aplicações descentralizadas (DApps).

- **Hyperledger**: Um esforço de colaboração de código aberto para fazer avançar as tecnologias de cadeia de blocos entre sectores, com estruturas modulares para aplicações empresariais.

- **Polkadot**: Uma plataforma de blockchain multi-cadeia que permite que diferentes blockchains interoperem e partilhem características de segurança.

8.3.2 DeFi (Finanças Descentralizadas)

A DeFi utiliza a tecnologia blockchain para criar sistemas financeiros descentralizados que permitem empréstimos peer-to-peer, empréstimos, comércio e outros serviços financeiros.

- **Bolsas descentralizadas (DEXs)**: Plataformas que facilitam a negociação peer-to-peer de activos digitais sem intermediários.

- **Empréstimos e empréstimos**: Os protocolos DeFi permitem aos utilizadores emprestar e pedir emprestado criptomoedas e ganhar juros através de contratos inteligentes.

- **Stablecoins**: Criptomoedas indexadas a activos estáveis (por exemplo, moedas fiduciárias) para minimizar a volatilidade dos preços, facilitando as transacções diárias e a estabilidade financeira.

8.4 Desafios e considerações

Apesar do seu potencial transformador, a tecnologia das cadeias de blocos enfrenta vários desafios que têm de ser resolvidos para uma adoção e escalabilidade mais alargadas.

8.4.1 Escalabilidade

A escalabilidade continua a ser um desafio significativo para as redes de cadeias de blocos, especialmente à medida que os volumes de transacções aumentam e mais aplicações são implementadas.

- **Taxa de transferência de transacções**: Melhorar a capacidade das redes blockchain para processar transacções de forma rápida e eficiente.

- **Consumo de energia**: Responder às preocupações sobre o impacto ambiental da extração de cadeias de blocos e dos mecanismos de consenso que consomem muita energia.

8.4.2 Interoperabilidade

A interoperabilidade entre diferentes plataformas e redes de cadeias de blocos é crucial para permitir a transferência contínua de dados e activos entre ecossistemas.

- **Comunicação entre cadeias**: Desenvolvimento de normas e protocolos para a interoperabilidade entre redes de cadeias de blocos díspares.

- **Oráculos**: Alimentações de dados externas que fornecem aos contratos inteligentes de cadeia de blocos informações do mundo real, melhorando a sua funcionalidade e casos de utilização.

8.4.3 Regulamentação e conformidade

A tecnologia Blockchain opera num cenário regulamentar que varia a nível mundial, exigindo orientações e quadros claros para garantir a conformidade legal e a proteção dos consumidores.

- **Clareza regulamentar**: Os governos e os organismos reguladores estão a desenvolver políticas e regulamentos para reger as aplicações da cadeia de blocos, as criptomoedas e as ICO.

- **Conformidade AML/KYC**: Abordar os requisitos de combate à lavagem de dinheiro (AML) e conhecer seu cliente (KYC) em serviços financeiros baseados em blockchain.

8.5 Direcções futuras da tecnologia de cadeia de blocos

O futuro da tecnologia de cadeias de blocos é promissor para uma maior inovação, integração em todos os sectores e novas aplicações que geram impacto económico e social.

8.5.1 Web3 e Internet descentralizada

A Web3 prevê um ecossistema de Internet descentralizado alimentado por blockchain, permitindo interações peer-to-peer e propriedade de ativos digitais.

- **Aplicações descentralizadas (DApps)**: As DApps construídas em plataformas blockchain oferecem alternativas descentralizadas aos serviços web tradicionais, promovendo a privacidade e o controlo do utilizador.

- **Identidade digital**: As soluções de identidade digital baseadas em blockchain proporcionam uma gestão de identidade segura e verificável, reduzindo o roubo de identidade e a fraude.

8.5.2 Governação e DAOs

As Organizações Autónomas Descentralizadas (DAO) utilizam a tecnologia de cadeia de blocos para permitir uma governação transparente e autónoma e processos de tomada de decisões.

- **Estruturas DAO**: Estruturas baseadas em blockchain para criar e gerenciar DAOs que facilitam a governança da comunidade e a votação em mudanças de protocolo.

- **Tokenização de activos**: A Blockchain permite a propriedade fraccionada e o comércio de activos, incluindo bens imobiliários, obras de arte e direitos de propriedade intelectual.

Conclusão

A tecnologia de cadeia de blocos está preparada para transformar indústrias, economias e sociedades, aumentando a segurança, a transparência e a eficiência nas transacções e na gestão de dados. Apesar de enfrentar desafios como a escalabilidade, a interoperabilidade e a conformidade regulamentar, os avanços e as inovações em curso continuam a expandir as potenciais aplicações e o impacto da cadeia de blocos em diversos sectores. Ao fomentar a colaboração, abordar os desafios técnicos e regulamentares e promover o desenvolvimento responsável, a blockchain tem o potencial de criar um futuro mais inclusivo e descentralizado.

Neste livro, explorámos os avanços da tecnologia em vários domínios, desde a inteligência artificial e a aprendizagem automática até à realidade virtual, à realidade aumentada e à cadeia de blocos. Estas tecnologias representam a vanguarda da inovação, oferecendo possibilidades transformadoras para a forma como vivemos, trabalhamos e interagimos com o nosso mundo. Ao olharmos para o futuro, a investigação contínua, o desenvolvimento e as considerações éticas irão moldar a evolução e a adoção destas tecnologias, abrindo caminho para um futuro mais conectado, inteligente e sustentável.

Conclusão: Abraçar a transformação tecnológica

Em conclusão, este livro aprofundou o impacto transformador das tecnologias de ponta em diversos domínios, ilustrando como a Inteligência Artificial (IA), a Aprendizagem Automática (AM), a Realidade Virtual (RV), a Realidade Aumentada (RA) e a Blockchain estão a remodelar o nosso mundo. A IA e o ML revolucionaram os processos de tomada de decisão e automatizaram tarefas em todos os sectores, desde os cuidados de saúde às finanças, impulsionando a eficiência e a inovação. A RV e a RA redefiniram as experiências imersivas, oferecendo novas possibilidades na educação, no entretenimento e nas aplicações industriais, combinando perfeitamente os ambientes digitais e físicos. Entretanto, a tecnologia Blockchain veio perturbar os modelos tradicionais de confiança e transparência, permitindo transacções seguras e descentralizadas em finanças, gestão da cadeia de fornecimento e muito mais.

No entanto, a par destes avanços surgem desafios significativos. Considerações éticas, como preconceitos de IA e questões de privacidade de dados em RV/RA, exigem estruturas robustas e práticas responsáveis para garantir uma implementação justa e segura. Os obstáculos técnicos, incluindo as limitações de escalabilidade na Blockchain e as restrições de hardware na RV/RA, destacam a necessidade contínua de inovação e aperfeiçoamento.

Olhando para o futuro, a convergência destas tecnologias promete uma integração e inovação ainda maiores através da colaboração interdisciplinar. Dando prioridade a uma conceção centrada no ser humano e estabelecendo quadros regulamentares claros, podemos aproveitar todo o potencial destas tecnologias para promover o crescimento inclusivo, enfrentar os desafios societais e melhorar a qualidade de vida a nível mundial. Este livro serve não só para explorar as possibilidades, mas também para defender um futuro em que a tecnologia sirva como uma força de mudança positiva, capacitando os indivíduos e fazendo avançar a humanidade no seu todo.

Referências:

Abernathy, W.J. e Utterback, J.M. (1978) "Patterns of industrial innovation", *Technology Review*, vol. 80, n.º 7, pp. 40-7.

Baregheh, A., Rowley, J. e Sambrook, S. (2009) "Towards a multidisciplinary definition of innovation", *Management Decision*, vol. 47, n.º 8, pp. 1323-39.

Barras, R. (1986) "Towards a theory of innovation in services", *Research Policy*, vol. 15, no. 4, pp. 161-73.

Bartol, K.M. e Martin, D.C. (1998) *Management*, 3rd edn, Boston, MA, Irwin/McGraw-Hill.

Birkinshaw, J., Hamel, G. e Mol, M.J. (2008) "Management innovation", *Academy of Management Review*, vol. 33, no. 4, pp. 825-45.

BIS (2011) *Innovation and Research Strategy for Growth*, Department for Business Innovation and Skills.

BIS (2012) Innovation [em linha], http://www.bis.gov.uk/partnerabc/sitecore/content/BISCore/Home/p olicies/innovation (acesso em 29 de outubro de 2012).

Brown, D. (1997) *Innovation Management Tools: a Review of Selected Methodologies*, Luxemburgo, Comissão Europeia Direção-Geral XIII Telecomunicações, Mercado da Informação e Exploração da Investigação.

Castells, M. (1996) *The Rise of the Network Society*, Cambridge, MA, Blackwell.

Chakrabortty, A. (2012) "Innovation - who would dare oppose it?", *The Guardian*, 1 de outubro [em linha], http://www.guardian.co.uk/commentisfree/2012/oct/01/innovation-who-dare-oppose/ (acesso em 29 de outubro de 2012).

Christensen, C.M. (1997) *The Innovator's Dilemma: When New Technologies Cause Great Firms to Fail*, Boston, Harvard Business School Press.

Christensen, C.M. (2006) "The ongoing process of building a theory of disruption", *Journal of Product Innovation Management*, vol. 23(1), pp. 39-55.

Christensen, C.M. e Overdorf, M. (2000) 'Meeting the challenge of disruptive innovation', *Harvard Business Review*, março/abril.

Cowen, T. (2011) *The Great Stagnation: How America Ate All the Low-Hanging Fruit of Modern History, Got Sick, and Will (Eventually) Feel Better*, Nova Iorque, Dutton.

Dodgson, M., Gann, D. e Salter, A. (2008) *The Management of Technological Innovation*, Oxford, Oxford University Press.

The Economist (2011) "Resistance to antibiotics: the spread of superbugs", 31 de março.

Edgerton, D. (2008) *The Shock of the Old: Technology and Global History since 1990*, Londres, Profile Books.

Fleck, J. (1994) "Learning by trying: the implementation of configurational technology", *Research Policy*, vol. 23, pp. 637-52.

Godin, B. (2008) "In the shadow of Schumpeter: W. Rupert Maclaurin e o estudo da inovação tecnológica", *Minerva*, vol. 46, no. 3, pp. 343-60.

Gordon, R. (2012) "Is US economic growth over? Faltering innovation confronts the six headwinds", *CEPR Policy Insight No. 63* [em linha], http://www.cepr.org/pubs/PolicyInsights/PolicyInsight63.pdf (acedido em 13 de janeiro de 2013).

Harvey, D. (2010) *The Enigma of Capital*, Londres, Profile Books.

Henderson, R. e Clark, K.B. (1990) "Architectural innovation: the reconfiguration of existing product technologies and the failure of established firms", *Administrative Science Quarterly*, vol. 35, n.º 1, pp. 9-30.

Igartua, I.J., Garrigos, J.A., and Hervas-Oliver, J.L. (2010) 'How innovation management techniques support open innovation strategy', *Research-Technology Management*, vol. 53, no. 3, pp. 41-52.

Kingston, W. (2000) "Antibiotics, invention and innovation", *Research Policy*, vol. 29, no. 6, pp. 679-710.

Kumar, N., Scheer, L. e Kotler, P. (2000) "From market driven to market driving", *European Management Journal*, vol. 18, no. 2, pp. 129-42.

Kurzweil, R. (2001) *The Law of Accelerating Returns* [em linha], http://www.kurzweilai.net/the-law-of-accelerating-returns (acesso em 29 de outubro de 2012).

Light, D.W. e Lexchin, J.R (2012) "Pharmaceutical research and development: what do we get for all that money?", *British Medical Journal*, vol. 345, e4348.

More
Books!

info@omniscriptum.com
www.omniscriptum.com
OMNIScriptum